BEI GRIN MACHT SICH IHR
WISSEN BEZAHLT

- Wir veröffentlichen Ihre Hausarbeit,
  Bachelor- und Masterarbeit

- Ihr eigenes eBook und Buch -
  weltweit in allen wichtigen Shops

- Verdienen Sie an jedem Verkauf

Jetzt bei www.GRIN.com hochladen
und kostenlos publizieren

Frauke Just

Rechenschwäche in der Grundschule. Symptome, Ursachen und Fördermöglichkeiten einer Teilleistungsschwäche

GRIN Verlag

Bibliografische Information der Deutschen Nationalbibliothek:

Die Deutsche Bibliothek verzeichnet diese Publikation in der Deutschen National-
bibliografie; detaillierte bibliografische Daten sind im Internet über http://dnb.d-
nb.de/ abrufbar.

Impressum:

Copyright © 2005 GRIN Verlag GmbH
Druck und Bindung: Books on Demand GmbH, Norderstedt Germany
ISBN: 978-3-638-83549-7

Dieses Buch bei GRIN:

http://www.grin.com/de/e-book/78010/rechenschwaeche-in-der-grundschule-sym-
ptome-ursachen-und-foerdermoeglichkeiten

GRIN - Your knowledge has value

Der GRIN Verlag publiziert seit 1998 wissenschaftliche Arbeiten von Studenten, Hochschullehrern und anderen Akademikern als eBook und gedrucktes Buch. Die Verlagswebsite www.grin.com ist die ideale Plattform zur Veröffentlichung von Hausarbeiten, Abschlussarbeiten, wissenschaftlichen Aufsätzen, Dissertationen und Fachbüchern.

Besuchen Sie uns im Internet:

http://www.grin.com/

http://www.facebook.com/grincom

http://www.twitter.com/grin_com

Universität Leipzig – Institut für Grundschulpädagogik

Rechenschwäche in der Grundschule

Symptome, Ursachen und Fördermöglichkeiten einer
Teilleistungsschwäche

Seminararbeit im Fach „Erarbeiten der Zahlen in der Grundschule"

vorgelegt von Frauke Lau

Pirna, Februar 2005

Inhaltsverzeichnis

1 Einleitung: Warum eine Arbeit über Rechenschwäche?

Ein Besuch in der öffentlichen Bibliothek machte mich stutzig. Während es mehrere Regale gefüllt mit Literatur über Lese-Rechtschreib-Schwäche gibt, musste ich insgesamt drei Zweigstellen aufsuchen um schließlich zwei Ratgeber für Eltern und Lehrer zu bekommen, die sich mit der Rechenschwäche oder auch Dyskalkulie auseinandersetzen. Von diesen beiden Büchern befasst sich auch nur eines ausschließlich mit Rechenschwäche. Das andere ist eher dazu gedacht, Eltern über den Schulalltag in der Grundschule aufzuklären und sie auch mit möglichen Problemen zu konfrontieren, beziehungsweise sie darüber aufzuklären.

Aber auch in der Bibliothek der Universität bekam ich keinen viel besseren Eindruck. Die Menge der Bücher über LRS war bedeutend höher, als jene über Dyskalkulie.

Man könnte schnell auf die Idee kommen, dass Rechenschwäche entweder kaum verbreitet ist – und damit weniger wichtig in der Erforschung, oder dass dringender Aufklärungsbedarf besteht und die Schwäche bisher eher ignoriert wurde.

In meiner Arbeit möchte ich einerseits beschreiben, warum die Rechenschwäche so oft unentdeckt bleibt, aber auch, woran man sie erkennen kann, wie man in der Grundschule Kindern hilft, mit ihr umzugehen und wie Probleme frühzeitig bekämpft werden können.

2 Was ist „Rechenschwäche"?

2.1 Viele Namen eine Bedeutung

Bereits in der Einleitung tauchten zwei verschiedene Begriffe auf, die eigentlich den gleichen Sachverhalten zu umschreiben versuchen. Andere Begriffe könnten auch noch sein: Arithmasthenie, Mathematikschwäche, Akalkulie, Rechenstörung oder auch einfach nur Rechenprobleme. Die Liste könnte man problemlos noch eine Weile fortsetzen, denn es gibt ungefähr 40 verschiedene Begriffe, die am Ende alle das gleiche meinen.

Vor allem am letzten Begriff lässt sich leicht erkennen, dass man eine „richtige" Rechenschwäche nicht ohne Probleme von den „normalen" Schwierigkeiten im Rechenunterricht abgrenzen kann.

Aber es lässt sich auch eine Gemeinsamkeit bei all den Begriffen erkennen. Jede Bezeichnung geht davon aus, dass die Probleme sich nur auf das Schulfach Mathematik beschränken und bis auf das Wort Mathematikschwäche gehen alle anderen Namen davon aus, dass sich die Probleme speziell auf das Gebiet der Arithmetik, also das Rechnen mit Zahlen, beschränken.

Im Verlauf meiner Arbeit, werde ich noch versuchen eine möglichst konkrete Definition zu finden, welche dann auch die Möglichkeit bietet, die Rechenschwäche von anderen – komplexeren – Lernstörungen abzugrenzen.

2.2 „Probleme in Mathe hat doch jeder"

Fast jeder Mensch erlebt im Verlauf seiner Schulkarriere Phasen in denen er das Gefühl hat, dass seine Zeit im Fach Mathematik jetzt abgelaufen ist. So sehr man es auch versucht, der (meist neue) Sachverhalt will einem partout nicht in den Kopf. Haben dann jetzt alle irgendwann eine Rechenschwäche gehabt?

Genau hier liegt das Problem, warum die Rechenschwäche so oft unerkannt bleibt, oder heruntergespielt wird. Bereits die Definition aus dem Duden zeigt, dass die Probleme bei der Rechenschwäche ein wenig komplexer sind. Dyskalkulie ist demzufolge ein „Lernversagen im Rechnen bei besserem Intelligenz- u. übrigem Leistungsniveau." (Dudenverlag 2003, S. 250) In einem Artikel der Sächsischen

Zeitung vom 01.02.2003 konnte man als Abschluss eines Interviews mit Professor Neumärker von der Berliner Charité lesen: „Eine Rechenschwäche liegt dann vor, wenn kein Verständnis für grundlegende mathematische Einsichten vorhanden ist." (Slotta 2003)

2.3 Definition der Rechenschwäche

„Nach Lorenz (1993) sind ca. 6 % der Schülerinnen und Schüler extrem rechenschwach und ca. 15 % förderungsbedürftig. Nach Klauer (1992) gibt es sogar mehr rechenschwache als lese-rechtschreib-schwache Kinder. Auch nach neueren Auskünften der Schulen nimmt die Rechenstörung rapide zu, was zum Teil auch auf ein erhöhtes Wissen um die Problematik zurückzuführen ist." (Schwarz 1999, S. 9) Die aktuellen Schätzungen liegen bei ca. 20 % aller Kinder eines Jahrganges.

Die Rechenschwäche ist eine Teilleistungsstörung, welche mit standardisierten Tests diagnostiziert werden muss. In den Tests werden vor allem typische Fehler nachgewiesen. Bereits vor dem Test wird aber abgeklärt, ob der Schüler tatsächlich über ein normales bis hohes Intelligenz- und Leistungsniveau verfügt und wie lange die Probleme schon existieren. Das einfachste Kriterium um eine Rechenschwäche von einfachen Problemen in Mathe abzugrenzen ist nämlich der Zeitraum, den die Probleme beanspruchen. Sind die meisten Schwierigkeit im Mathematikunterricht nach ca. ein bis zwei Monaten überwunden, so muss ein Schüler seit mindestens sechs Monaten anhaltende und massive Schwierigkeiten im Rechnen haben, um als rechenschwach diagnostiziert zu werden.

Die Weltgesundheitsorganisation WHO umschreibt die Rechenschwäche wie folgt: „Diese Störung beinhaltet eine umschriebene Beeinträchtigung von Rechenfertigkeiten, die nicht allein durch eine allgemeine Intelligenzminderung oder eine eindeutig unangemessene Beschulung erklärbar ist. Das Defizit betrifft die Beherrschung grundlegender Rechenfertigkeiten wie Addition, Subtraktion, Multiplikation und Division, weniger die höheren mathematischen Fertigkeiten, die für Algebra, Trigonometrie, Geometrie und Differential- sowie Integralrechnung benötigt werden." (Schwarz 1999, S. 20) Im Pschyrembel – einem klinischen Wörterbuch – ist folgende Definition des Begriffes Arithmasthenie zu finden: „Schwierigkeiten beim Ausführen einfacher Rechenoperationen bei normaler Gesamtintelligenz (Teilleistungsschwäche) infolge [einer] Störung der visuellen Anschauung und

räumlichen Wahrnehmung; durch speziellen Förderunterricht positiv zu beeinflussen"
(Gruyter 2001, S. 113)

Klar sollte aber sein, dass Probleme im elementaren Rechenbereich auch Probleme in der höheren Mathematik nach sich ziehen, da zum Beispiel Operationen wie Addition oder Division auch Teile der Differentialrechnung sind.

Ich halte es darüber hinaus für wichtig, dass – anders als bei anderen Teilleistungsstörungen – die Rechenschwäche weitaus mehr Mädchen als Jungen betrifft. Leider konnte ich keinen genauen Zahlen finden um diese Aussage zu unterstreichen.

3 Woran erkenne ich ein rechenschwaches Kind?

Symptome für eine Rechenschwäche können genauso vielfältig sein, wie die Kinder, die von ihr betroffen sind. Ist das eine Kind eher unauffällig und ruhig, so kann schon das nächste der Klassenkasper oder ein kleiner Familientyrann sein. Besonders gehäuft treten allerdings folgende Merkmale auf:

- Kinder mit Rechenschwäche wirken oft unaufmerksam und unkonzentriert.
- Bei dem rechenschwachen Kind treten weitaus häufiger als bei anderen Kindern oder im Fach Mathematik häufiger als in anderen Fächern Schusselfehler auf.
- Das Kind hat eine erkennbare Angst vor dem Fach Mathematik und allem was mit Mathematik zu tun haben könnte.
- Selbst bei Rechenarten, welche vom Kind erfasst wurden tritt immer wieder der Fehler auf, dass Einer und Zehner vertauscht werden. Das kann schnell dazu führen, dass 17+12=92 ist, denn das Kind liest bei der 92 eine 29. Es liest von links nach rechts, wie es im Deutschunterricht gelernt wird und nicht von rechts nach links, wie es im Mathematikunterricht notwendig wäre.
- Einfachste Grundaufgaben werden vom Schüler immer wieder an den Fingern abgezählt, obwohl inzwischen schon in weitaus größeren Zahlenräumen gerechnet wird.
- Rechenoperationen wie Addition und Subtraktion oder Multiplikation und Division werden auffällig häufig vertauscht.
- Bei Stellenübergängen treten immer wieder Schwierigkeiten auf. Dementsprechend werden die meisten Kinder erkannt, wenn in der Grundschule der Zehner-, Hunderter- oder Tausenderübergang erlernt werden soll.
- Ergebnisse bei Sachaufgaben liegen total daneben, weil das Kind nur einen großen Haufen von Zahlen sieht und keine Möglichkeit hat, sie in irgendein logisches System einzuordnen. Anweisungen wie „Rechne zusammen" oder „Verringere" haben für das Kind keinen Zusammenhang mit den Rechenoperationen Addition und Subtraktion. Besonders schwierig wird es dann bei Aufgaben in denen sich zum Beispiel folgender Wortlaut finden lässt: Karin kauft 5 Netze mit jeweils 7 Apfelsinen. Wie viele Apfelsinen hat sie

gekauft? Das Kind sieht hier nur die Zahlen 5 und 7 und wird versuchen sie in irgendein Verhältnis zueinander zu stellen. Die Chancen, dass es die beiden Ziffern als Faktoren einer Multiplikationsaufgabe erkennt, sind entsprechend gering und doch weitaus mehr an Glück als an Können gebunden. Würde man dem Kind verraten, dass es 5 x 7 rechnen muss, so stiegen immerhin schon die Chancen auf ein richtiges Ergebnis, aber es besteht immer noch die Gefahr, dass zum Beispiel die Stellen wieder vertauscht würden. Erhält also ein Lehrer – ohne den Gedankengang des Schülers zu kennen – das Ergebnis 21 als Lösung auf die gestellte Sachaufgabe muss er eigentlich davon ausgehen, dass Kind sich einfach nur eine Zahl ausgedacht hat. In Wirklichkeit hat es addiert und dann die Stellen vertauscht. Nur die wenigsten Lehrer werden sich allerdings die Mühe machen solche Gedankengänge auszuprobieren bei der alltäglichen Kontrolle von Leistungstests der Schüler.

3.1 Viele Ursachen für ein Problem

3.1.1 Gibt es DIE Ursache?

Wie bei den meisten Teilleistungsstörungen kann diese Frage schnell mit einem eindeutigen „Nein" beantwortet werden. Schade eigentlich, denn es würde die Arbeit der Lehrer und Psychologen um einiges vereinfachen, wenn man nur noch nach einem einzigen Fakt in der Biografie des Kindes suchen müsste, um dann sicher sagen zu können „Ja, ihr Kind leidet unter der Rechenschwäche!" oder „Nein, es stellt sich einfach nur blöd an!"

Die möglichen Ursachen für eine Rechenschwäche sind äußerst vielfältig. Einteilen lassen sie sich in drei Bereiche: 1. psychische, soziale und emotionale Ursachen;

2. organische, neurologische Ursachen;

3. schulisch-didaktische Ursachen.

Diese Untergliederung lässt sich bei fast allen Autoren finden, die über Rechenschwäche schreiben.

Betont werden muss allerdings, dass nur die wenigsten Schüler ganz genau einem Ursachenfeld zuzuordnen sind. Während man bei einem Schüler nur einen einzigen Faktor aus allen drei Gebieten ausfindig machen kann, kann man beim nächsten möglicherweise Faktoren aus jedem der drei Ursachenfelder finden. Häufiger tritt der letzte Fall ein, die andere Möglichkeit kann aber nicht ausgeschlossen werden.

3.1.2 psychische, soziale und emotionale Ursachen

Dieses Ursachenfeld ist nur sehr schwer genau einzugrenzen, denn eine exakte und vor allem objektive Diagnose ist hier nur schwer möglich. Es umfasst vor allem Faktoren, die im Familienalltag beziehungsweise in der Persönlichkeit des Kindes selbst verankert sind.

3.1.2.1 Kampf um die Hausaufgaben

Der tägliche Kampf um die Hausaufgaben ist eine Möglichkeit. Treten immer wieder Schwierigkeiten in der Schule auf, verliert der Schüler schnell die Lust an allem, was irgendwie an die Probleme erinnern könnte. Allerdings fordern gerade Schwierigkeiten nach mehr Zeit. Wenn (vor allem) Eltern ihrem Kind helfen wollen die Schwierigkeiten zu bewältigen, werden sie versuchen, die Hausaufgaben gewissenhaft mit ihrem Kind zu erledigen und möglicherweise auch Zusatzübungen probieren. Stress zwischen Kind und Eltern ist hier häufig unausweichlich und für das Kind selbst wird Mathematik immer mehr zum roten Tuch, weil es jetzt auch noch der Grund ist, warum es ständig Ärger mit den Eltern hat.

3.1.2.2 Familiensituation

Auch die Familiensituation selbst kann eine Ursache sein. Hier sind zwei Extreme erkennbar, die beide den gleichen Schaden anrichten können.

Der erste Fall lässt sich wie folgt umschreiben: Schulischer Leistung wird in der Familie des Schülers ein sehr hoher Wert zugeschrieben. Bringt das Kind eine schlechte Note mit nach Hause, muss es damit rechnen, dass es großen Ärger gibt und auch Strafen auferlegt werden könnten. Dieser Druck beschäftigt das Kind nicht nur während Klassenarbeiten und Leistungskontrollen (da allerdings besonders) sondern auch im alltäglichen Unterricht. Es hat immer wieder Angst, dass es irgendwas verpassen könnte und verpasst gerade durch diesen Stress besonders viel, weil es nicht mehr in der Geschwindigkeit, in der Informationen auf es einprasseln, zwischen Wichtigem und Unwichtigem unterscheiden kann. Der Stress lässt keine Konzentration auf das Wesentliche zu und schon beginnt der Teufelskreis. Der neue Stoff wird nicht richtig erfasst, dass Kind kommt in eine erhöhte Stresssituation, verliert mehr und mehr den Glauben in die eigenen Fähigkeiten und kann irgendwann nur noch aufgeben, vor dem großen Berg an neuen Anforderungen.

Beim zweiten Fall ist die Ausgangslage eher das Gegenteil. Der Schule wird zu Hause kaum oder keine Bedeutung eingeräumt. Egal mit welchen Leistungen das Kind aus der Schule nach Hause kommt, die Reaktion der Eltern ist meist gleichgültig. Dadurch wird es auch dem besten Lehrer sehr schwer fallen auf Dauer eine möglichst große Motivation beim Kind beizubehalten. Das Kind verliert mehr und mehr das Interesse am Stoff und wird irgendwann so große Wissenslücken haben, dass selbst vorhandene Motivation nicht mehr helfen kann.

3.1.2.3 Unselbstständigkeit, Unsicherheit oder Ängstlichkeit

Die Unselbstständigkeit, Unsicherheit oder Ängstlichkeit des Kindes ist eine weitere mögliche Ursache. „Weiß" das Kind schon vor Unterrichtsbeginn, dass es den Stoff sowieso nicht erfassen wird, wird es ihm tatsächlich schwer fallen Inhalte zu lernen. Immer wieder fallen mir auch Familien auf, in denen Eltern die Hausaufgaben ihrer Kinder erledigen. Dass das die Selbstständigkeit des Kindes nicht fördert ist klar, aber auch der Übungseffekt von Hausaufgaben ist damit überhaupt nicht mehr gewährleistet und etwaige schulische Schwächen können dann schnell zu einem Problem heranwachsen. Die Eltern hatten ursprünglich vor, ihrem Kind Stress zu ersparen und ihm das Leben zu erleichtern, haben aber durch ihre Unwissenheit weitaus größeren Schaden angerichtet.

3.1.3 organische und neurologische Ursachen

Dieses Ursachengebiet lässt sich leichter diagnostizieren als die anderen beiden Gebiete, weil es meist sehr zuverlässige medizinische bzw. psychologische Tests gibt, die eindeutige Ergebnisse liefern.

3.1.3.1 Minimale Cerebrale Dysfunktion (MCD)

Exakt übersetzt versteht man unter dieser Störung einen kleinstmöglichen Hirnschaden. Diese Schädigung ist so klein, dass es bis heute keine Möglichkeit gibt sie in irgendeinem bekannten bildgebenden Verfahren oder anderweitig darzustellen. Gemeint sind Hirnfunktionsstörungen, die vor, während oder direkt nach der Geburt durch Sauerstoffmangel am kindlichen Gehirn entstanden sind.

In sehr vielen Fachbüchern findet man auch heute noch dieses Störungsbild als mögliche Ursache für allerlei Teilleistungsstörungen oder auch geistige oder körperliche Einschränkungen. Allerdings wird dabei fast immer übersehen, dass Mediziner bereits seit annähernd 20 Jahren davon ausgehen, dass es die MCD selbst nicht wirklich gibt. Kein Arzt der Welt hat es bisher geschafft irgendwelche dieser kleinsten Bereiche im Gehirn ausfindig zu machen und wenn die Diagnose gestellt wurde oder wird, wird immer nur davon ausgegangen, dass möglicherweise im beschriebenen Zeitfenster ein Sauerstoffmangel stattgefunden haben könnte. Genaue Nachweise fehlen meist. MCD wird deswegen auch als Phantomdiagnose bezeichnet, da sie häufig nur dazu dient, den Eltern eines geschädigten Kindes einen Begriff zu geben, mit dem sie nun umgehen lernen müssen. Auswirkungen dieser „Störung" sind aber so extrem vielfältig, dass die Diagnose Eltern nur in den wenigsten Fällen beruhigen kann.

Ich selbst möchte mich aus den genannten Gründen von der Diagnose MCD als mögliche Ursache von Rechenschwäche distanzieren.

3.1.3.2 Aufmerksamkeits-Defizit-Syndrom (ADS)

Wie das Wort Syndrom schon erahnen lässt, hat ADS selbst eine Vielzahl von Ursachen. Da es den Rahmen der Arbeit sprengen würde, ADS genau zu beschreiben und einzuordnen möchte ich mich hier nur auf die wichtigsten Fakten, welche im engen Zusammenhang mit Rechenschwäche stehen können, beschränken.

Kinder die an ADS leiden haben eine Konzentrationsstörung in erheblichem Ausmaß. Nur selten können sie sich länger als zehn Minuten auf eine Sache konzentrieren. Dabei ist es einerlei ob sie sich für die Sache interessieren, oder ob sie gezwungen sind sich damit zu befassen. Die kurze Konzentrationsspanne lässt sich darauf zurückführen, dass die Kinder aus all den Reizen die sie überfluten nicht selektieren können, ob diese wichtig oder unwichtig sind für den aktuellen Sachverhalt. Dementsprechend sind sie zu jeder Zeit gezwungen ihrem Lerngegenstand die höchstmögliche Konzentration zu widmen, um zwischen all den unwichtigen Reizen auch die wichtigen zu erkennen. Dass die Kinder als Folge dieser Anspannung sehr schnell erschöpft sind, liegt auf der Hand.

In der Phase der Erschöpfung sind sie dann kaum noch in der Lage irgendwelche Informationen sinnvoll aufzunehmen und es ist ihnen dadurch nur schwer möglich komplexe Sachverhalte in einem Maße zu verstehen, das es ihnen erlaubt damit umzugehen. Ursachen für ADS werden häufig im Stoffwechsel des Kindes gefunden aber auch in der frühkindlichen Erziehung.

3.1.3.3 Lebensmittelallergie

Die Auswirkungen einer Lebensmittelallergie bezüglich der Rechenschwäche sind die gleichen wie bei ADS allerdings liegen die Ursachen woanders. Sie sind genauer und eindeutiger bestimmbar, während bei ADS häufig eine lange Diagnosezeit zugrunde liegt.

Essen Kinder mit einer Lebensmitteallergie eben jene Lebensmittel, die sie eigentlich meiden sollten kann es neben dem allgemein bekannten Hautausschlag oder möglicher Atemnot auch zu verdeckteren Symptomen führen. Da Allergene den gesamten Stoffwechsel belasten, bekämpft der Körper des Kindes als erstes die Allergene um danach wieder normal arbeiten zu können. In dieser Zeit gibt es schnell Defizite auf anderen Gebieten des Stoffkreislaufes. So kann es auch dazu führen, dass der Körper nicht genügend Energie produziert oder bereithält, die das Kind zur Konzentration auf den Unterricht benötigt. Die Symptome die nun auftreten gleichen denen von ADS. Verzichtet das Kind auf das Lebensmittel, hat es allerdings die gleichen Konzentrationsmöglichkeiten wie seine Mitschüler auch.

3.1.3.4 Wahrnehmungs-, Körper- und Raumorientierungsstörungen

Kinder welche diese Faktoren aufweisen haben oft Probleme das Gleichgewicht zu halten, die Hand gezielt da einzusetzen, wo sie es wollen (Auge-Hand-Koordination), bei der Wahrnehmungskonstanz oder räumliche Beziehungen wie „nah und fern", „oben und unten" und „links und rechts" zu erfassen. Die Folgen dieser Probleme sind vielfältig.

Hat das Kind Probleme den Unterschied zwischen links und rechts zu erfassen, wird es auch Schwierigkeiten haben, den Vorgänger oder Nachfolger von Zahlen bestimmen zu können oder auch Reihenfolgen bei Kettenaufgaben einzuhalten.

Leidet das Kind unter einer Störung der Auge-Hand-Koordination, so wird es ihm äußerst schwer fallen Mengen – auch unter zehn – simultan zu erfassen, Partnerzahlen zu finden oder gar den Zehnerübergang zu bewältigen.

Wahrnehmungskonstanz ist vor allem dann von Bedeutung, wenn das Kind lernen soll, dass eine Menge immer die gleiche bleibt, auch wenn man sie in unzählige Teilmengen zerlegt (Bsp.: $7=6+1=2+5=4+3=7+0=2+3+2=...$). Die Kinder sind also gezwungen bei jeder der Zerlegungen immer wieder neu zusammenzuzählen. Dass man dabei als Schüler schnell die Lust am Mathematikunterricht verlieren kann, kann man sich leicht vorstellen.

Störungen bei der Wahrnehmung räumlicher Beziehungen machen sich bemerkbar, wenn Rechenoperationen eingeführt werden oder mehrstellige Zahlen verwendet werden müssen. Das Rechenzeichen x wird mit dem Rechenzeichen + genauso schnell verwechselt, wie das Rechenzeichen + mit dem Platzhalter x. Dass das Kind dann schnell verwirrt ist, liegt auf der Hand. Aber auch Begriffe wie „größer/kleiner", „gleich/ungleich" und „mehr/weniger" werden nicht verstanden und falsch angewandt.

3.1.4 schulisch-didaktische Ursachen

Hat ein Schüler Lernschwierigkeiten, so gibt es dafür in den meisten Fällen auch Ursachen in der Art wie gelehrt wird. Lernschwierigkeiten sind also auch immer Lehrschwierigkeiten. Im Folgenden möchte ich einige Beispiele nennen, in denen die Form des Lehrens die Probleme des Schülers mindestens fördern und möglicherweise sogar erst hervorrufen kann.

3.1.4.1 Zeitnot

Wie auch in der allgemeinen Gesellschaft herrscht heutzutage in der Schule immer Zeitnot. „In erster Linie sind Leistungen und Effizienz, normgerechtes "Funktionieren" usw. gefragt." (Leuenberger, Schulisch-didaktische Ursachen 2005) Durch übervolle Stoffpläne, Stundenausfall und zu große Klassen ist es dem Lehrer nur selten möglich, sich intensiv um jeden einzelnen Schüler zu kümmern. Dadurch ist er gezwungen sich auf Zensuren als Auslesekriterium zu verlassen und ist kaum in der Lage Leistungsrückstände bei einzelnen Schülern genauer zu hinterfragen. Hat ein Schüler einmal den Anschluss in einem Stoffgebiet verloren kann der Lehrer ihm nur unter übermäßigen Aufwand versuchen zu helfen. Häufig kommt dem eine

Rückstufung bzw. das Wiederholen einer Klasse zuvor. Der Schüler gerät in eine Endlosspirale und die Teilleistungsstörung weitet sich aufgrund schwindender Motivation über mehr und mehr Fächer aus, was zum kompletten Schulversagen eines „lediglich" rechenschwachen Schülers führen kann. Auswirkungen auf das gesamte Leben lassen sich leicht erkennen, denn eine erfolgreiche Berufskarriere setzt fast immer eine erfolgreiche Schullaufbahn voraus.

3.1.4.2 mangelhafter mathematischer Aufbau

„Kinder, die in der Mathematik auf Schwierigkeiten stoßen, haben die Tendenz, eigene "subjektive" Rechenstrategien zu entwickeln, d.h. sie helfen sich so gut es geht mit Tricks und eigenen Lösungswegen. Dies geht bei einfachen Rechnungen eine Zeitlang gut, rächt sich aber bald (spätestens in der 3.Klasse)." (Leuenberger, Schulisch-didaktische Ursachen 2005) Die Aufgabe des Lehrers sollte hier sein, dass er ungewöhnliche Lösungsstrategien schon frühzeitig aufspürt und hinterfragt, warum der Schüler diese Strategie gewählt hat und wie wirksam sie langfristig sein kann. Fragwürdige Strategien sollten schnellstmöglich durch sinnvollere ersetzt werden.

3.1.4.3 Unterricht

Häufig hat sich ein Lehrer auf ein oder zwei bestimmte Methoden bzw. Lösungsstrategien festgelegt und vermittelt daher auch nur diese an seine Schüler. Bei einem rechenschwachen Kind ist es gut möglich, dass es einzelne Sachverhalte einfach nur dadurch leichter lernen würde, wenn sein Lehrer ihm vielfältigere Lösungsstrategien anbietet. Allerdings muss hier darauf geachtet werden, dass der Schüler in der Lage ist, sich für eine Strategie pro Aufgabe zu entscheiden um nicht in ein Gedankenchaos zu stürzen und dann nur noch Schusselfehler macht, weil er ständig die Methode wechselt und dabei eventuell wichtige Zwischenergebnisse vergisst. Wenig hilfreich sind auch diverse Arbeitsmittel, die zwar für den Mathematikunterricht erstellt wurden, aber einigen Schülern eher ein Hindernis sind als eine Stütze.

3.1.4.4 viele HelferInnen und Methoden

Unqualifizierte Helfer, wie zum Beispiel die Eltern oder der 5 Jahre ältere Nachbarsjunge können meist nicht richtig einschätzen wo genau die Schwierigkeiten des Kindes liegen und versuchen einfach wild loszufördern. Dass dabei großer

Schaden entstehen kann ist offensichtlich. Auch möglich ist, dass die Eltern versuchen ihr Kind bestmöglich neben der Schule zu fördern und es an nachmittäglichen Förderkursen in speziellen Einrichtungen teilnehmen lassen. Das ist an sich ein guter Gedanke, aber häufig wird dieser Förderung nicht mit dem Lehrer des Kindes abgesprochen und es kann dann durch verschiedene Methoden des Lehrers und der Fördereinrichtung zu großen Missverständnissen kommen unter denen fast immer der Schüler leiden muss.

3.1.4.5 Nachhilfe ohne Abklärung

Ein Kind mit Rechenschwierigkeiten wird schnell in den Mathematikförderunterricht gesteckt, ohne dass genau abgeklärt wurde, welche Art von Fehlern das Kind macht und mit welcher Methode man dem Kind am besten helfen könnte. Mit etwas Glück kann dem Kind vielleicht etwas geholfen werden, aber es besteht auch die Gefahr, dass Kind durch solch einen unvorbereiteten und wenig individuellen Förderunterricht nur noch mehr zu verwirren.

4 Hilfen für das rechenschwache Kind

4.1 Wie helfe ich als Lehrer dem betroffenen Schüler?

4.1.1 Allgemeine Hinweise

Sobald man als Lehrer weiß, dass man möglicherweise ein rechenschwaches Kind in seiner Klasse hat, sollte man sich umfassend mit der Problematik auseinandersetzen und frühzeitig mit den Eltern und natürlich auch dem betroffenen Schüler über die Schwierigkeiten reden und Hilfen in der Umgebung ausfindig machen. Dadurch wird dann auch von Beginn an der Druck auf Eltern und Kind vermindert, weil sie sich mit dem Problem nicht mehr alleingelassen fühlen. Hinzu kommt, dass das Vertrauen in den Lehrer steigt und das die spätere Zusammenarbeit sehr vereinfachen kann.

Außerhalb des Mathematikunterrichts kann es hilfreich sein, das angeknackste Selbstbewusstsein des Schülers zu stärken, indem man ihm verantwortungsvolle Ämter innerhalb der Klasse zuteilt. Dadurch lernt der Schüler, dass er ein vollwertiges Mitglied der Klasse ist, auch wenn er in Teilen des Unterrichts streckenweise große Probleme hat. Durch gesteigertes Selbstbewusstsein fällt es dem Kind dann auch leichter den Kampf mit seinen Problemen aufzunehmen. Allerdings sollten diese Maßnahmen nicht zu sehr betont werden, weil der Schüler sonst in eine Außenseiterrolle innerhalb der Klasse rutschen kann.

4.1.2 Im Unterricht

Die oberste Maxime bei der Arbeit mit rechenschwachen Schülern sollte lauten: Nicht mit Schulnoten terrorisieren! Bis zu dem Zeitpunkt, an dem eine Rechenschwäche erkannt wird, haben die Kinder selbst bereits ein umfassendes Bild von ihren schlechten mathematischen Leistungen bekommen. Sie glauben längst daran, dass sie im Fach Mathematik Versager sind. Zieht man als Lehrer nun noch den „Notenterror" durch, dann sind die Schüler überhaupt nicht in der Lage ein positives Verhältnis zur Mathematik aufzubauen und so eine Motivation zu bekommen an ihren Problemen zu arbeiten. Es gibt sogar in schweren Fällen die Möglichkeit die Benotung im Fach Mathematik für einen begrenzten Zeitraum auszusetzen.

Genauso wenig nützt es dem Kind, wenn man über mangelnden Willen und fehlende Konzentration schimpft. Da auch einfache Aufgaben für das Kind bereits große

Anstrengung bedeuten sollte man bedenken, dass die Konzentration nicht für das gleiche Aufgabenpensum reichen kann, wie bei seinen nicht-rechenschwachen Mitschülern. Dies kann dann keineswegs auf mangelnden Willen zurückzuführen sein.

Wichtiger ist es dagegen sich genau in die mathematischen Denkweisen des Kindes einzufühlen und dadurch mit ihm abzuklären und zu verstehen, was genau es an den einzelnen Verfahren nicht versteht. Dazu gehört auch von Anfang an, dem Kind keine mangelnde Intelligenz zu unterstellen, da mindestens eine normale Intelligenz Voraussetzung für die Diagnose Rechenschwäche ist.

Hat man die Probleme des Kindes erörtert, sollte man ihm vorerst Aufgaben geben, die knapp unter der Problemschwelle liegen. Dadurch können für den Schüler erste Erfolgserlebnisse entstehen. Macht man die Aufgaben allerdings zu einfach, fühlt sich das Kind schnell hintergangen und sperrt sich eventuell gegen weitere Hilfsversuche.

Auch bei einfachen Aufgaben sollte man vermeiden, dem Kind Eselsbrücken zu geben. Sie machen die Arbeit zwar auf den ersten Blick leichter, allerdings verhindern Eselsbrücken ein Begreifen, da sie nur das schematische Denken fördern. Die Probleme werden also nicht gelöst, sondern nur verschoben bis zu dem Zeitpunkt, wo Neues gelernt wird, was auf dem nicht begriffenen Wissen aufbaut.

Vergleicht man mit dem Kind die gemachten Aufgaben ist es sinnvoll nicht nur Häkchen und Fehlerzeichen zu setzen, sondern dem Kind genau zu erklären, was es falsch gemacht hat. Nur so ist das Kind in der Lage weiter an seinem Problem zu arbeiten. Auch kann es sinnvoll sein, sich von dem Schüler seinen Lösungsweg ausformulieren zu lassen. So kann erkennbar werden, dass das Kind eigentlich richtig gerechnet hat und lediglich ein Zwischenergebnis vergessen hat. Es ist dann leichter mit dem Kind weiterzuarbeiten, da man auch als Helfer genauer überprüfen kann, was man mit den bisherigen Maßnahmen erreicht hat. In diesem Zusammenhang kann es auch sinnvoll sein, eine Aufgabe des Kindes generell nur als richtig gelten zu lassen, wenn es den Lösungsweg erklären kann. So vermeidet man, dass das Kind sich im Raten oder Auswendiglernen übt und man so Wissenslücken über lange Zeit nicht erkennt.

Da rechenschwache Kinder sich häufig Methoden ausdenken, wie für sie Aufgabenblöcke berechenbar werden, ohne dass sie die Aufgaben einzeln durchdenken müssen, ist es wichtig, dass Übungsmaterial der Kinder unberechenbar zu machen. Es macht wenig Sinn, in einem Block die Aufgaben 10+5; 20+5; 30+5; … untereinander zu schreiben. Die Kinder werden im besten Fall nur noch die erste Ziffer des ersten Summanden und dann die 5 dahinter notieren. So sind dann zwar alle Ergebnisse korrekt, allerdings ist das Kind nicht in der Lage jede einzelne Aufgabe auszurechnen. Auch innerhalb einzelner Aufgabenblöcke sollte deshalb immer wieder die Rechenoperation gewechselt werden. Nur so ist der Schüler gezwungen, sich jede einzelne Aufgabe genau anzuschauen und zu überdenken.

4.1.3 In der „Freizeit"

In Elterngesprächen oder Gesprächen mit Kollegen sollte unbedingt vermieden werden, dass man in Anwesenheit des Kindes kritisierend über es spricht. Es ist sicher notwendig, dass alle Beteiligten (auch das Kind) die Probleme kennen, aber kaum förderlich, wenn man das Kind immer wieder schlecht macht. Der Schüler bekommt dadurch schnell das Gefühl, alle an die er sich wenden könnte, halten zusammen und denken er ist ein Versager. Es wird dann kaum möglich sein, das Kind zu motivieren weiter an seinen Schwierigkeiten zu arbeiten.

Wichtig kann es auch sein, die Hausaufgaben lediglich als Abmachung zwischen Schüler und Lehrer zu betrachten und ein Einbeziehen der Eltern beim erledigen selbiger so gering wie möglich zu halten. Der Schüler merkt dann, dass nicht nur von allen Seiten auf ihn eingeredet wird und das Eltern-Kind-Verhältnis kann enorm entlastet werden. Das entspannt dann auch den Schüler. Außerdem merkt das Kind, dass es selbst Verantwortung für seine Fortschritte im Kampf gegen die Rechenschwäche trägt. Probleme mit den Hausaufgaben sollten also möglichst immer direkt mit dem Schüler gelöst werden und nicht immer gleich zu einem Elterngespräch führen.

Eltern meinen es meist gut mit ihren Kindern und wollen ihm so gut es geht helfen. Daher üben sie oft den ganzen Nachmittag zusätzlich zu den Hausaufgaben mit ihrem Sohn oder ihrer Tochter. Das Kind ist dadurch gezwungen sich auch in seiner gesamten Freizeit mit seinen Mängeln auseinanderzusetzen. Es kann keine Erfolgserlebnisse in anderen Bereichen sammeln und fühlt sich reduziert auf sein

Versagen in Mathematik. Dadurch sinkt das allgemeine Selbstbewusstsein des Kindes. Als Lehrer sollte man den Eltern daher raten, nicht länger als ca. 20min pro Tag mit ihrem Kind gesondert zu üben. Geht das Kind zusätzlich in eine Rechenschwächetherapie müsste diese Zeit dann von der Wochenübungszeit abgezogen werden. Es muss immer beachtet werden, dass die Schule der „Arbeitsplatz" des Kindes ist und jeder vernünftige Mensch einen Feierabend braucht. Stundenlanges Üben sind in diesem Zusammenhang Überstunden, die das Kind zunehmend belasten und irgendwann dazu führen können, dass das Kind sich weigert irgendetwas im Zusammenhang mit Mathematik oder sogar Schule aufzunehmen.

Hier zeigt sich wieder, wie wichtig die Zusammenarbeit Eltern-Lehrer ist, denn nur wenn der Lehrer weiß, wie viel zu Hause geübt wird und welche Probleme es dabei gibt, kann er die Eltern darüber aufklären, wie welche Probleme vermieden werden können.

4.2 Was geschieht bei einer Rechenschwäche-Therapie?

Eine Rechenschwäche-Therapie sollte immer Einzeltherapie sein.Grundlage hierfür ist eine umfangreiche Diagnose. Im Normalfall findet sie in einer besondern Einrichtung außerhalb der Schule am Nachmittag statt. Geschieht die Therapie ohne ausführliche Abklärung im Vorfeld, kann man nicht von großem Erfolg ausgehen, da dann die Erfolgsquoten fast nur noch dem allgemeinen Mathematikförderunterricht in der Grundschule entsprechen können.

„Trotz Einzeltherapie soll nicht ein ‚Defekt' beim Kind im Zentrum stehen. Dem Kind soll gezeigt werden, welche Umstände zum Problem geführt haben könnten." (Leuenberger, Was geschieht bei einer Therapie? 2005) Wie bereits im vorangegangen Kapitel erwähnt, kann das Kind nur motiviert werden, wenn es genau weiß, dass es nicht generell schlecht in Mathematik ist, sondern spezielle Problemfelder hat. Kennt es diese, sieht es, dann der zu bewältigende Berg vielleicht doch nicht so groß ist und fasst schneller Mut ihn zu bewältigen.

In meiner Arbeit hab ich immer wieder versucht deutlich zu machen, dass es wichtig ist, mit dem Kind nicht nur die mathematischen Probleme zu besprechen und zu bekämpfen, sondern dass auch die psychologische und soziale Komponente der Rechenschwäche nicht außer Acht gelassen werden darf. Dies ist dementsprechend auch ein wichtiger Bestandteil einer Rechenschwächetherapie. Das gesamte Arbeits- und Lernverhalten des Kindes muss dabei mitgefördert werden. Ziele hierbei sollten sein: „Mut machen, Selbstvertrauen steigern, Ängste abbauen." (Leuenberger, Was geschieht bei einer Therapie? 2005)

Die Übungseinheiten in der Rechenschwächetherapie werden genau auf die individuellen Probleme des Kindes zugeschnitten. Hier zeigt sich auch, warum es so sinnvoll ist, dass die Rechenschwächetherapie eine Einzeltherapie ist. In einer Gruppentherapie muss man wieder von Gemeinsamkeiten ausgehen und die Förderung ist dadurch weniger erfolgreich und dauert warscheinlich auch länger.

Einer der schwierigsten Teile der Therapie ist häufig, dem Kind verständlich zu machen, dass ein Großteil seiner bisherigen Rechenstrategien wenig sinnvoll und daher unbrauchbar ist. Hier ist immer mit dem größten Widerstand des Kindes zu rechnen und Sätze wie „So hat es Papa mir aber gezeigt!" oder „So geht es aber schneller!" fallen sehr häufig zu Beginn der Rechenschwächetherapie. Besonders an diesem Punkt merkt man, dass ein Therapeut immer eine gezielte Ausbildung gemacht haben sollte, denn nur so ist er in der Lage, die Argumente des Kindes zu werten und ihm andere Wege effektiv zu vermitteln.

Quellenverzeichnis

Dudenverlag, Hrsg. *Das große Fremdwörterbuch.* Mannheim: Bibliographisches Institut, 2003.

Gruyter, Walter de. *Pschyrembel – Klinisches Wörterbuch.* Bd. 259. Berlin: Walter de Gruyter, 2001.

Leuenberger, Michel. *Schulisch-didaktische Ursachen.* 03. Februar 2005. http://www.rechenschwaeche.ch/pages/definition_6.html (Zugriff am 26. Februar 2005).

—. *Was geschieht bei einer Therapie?* 03. Februar 2005. http://www.rechenschwaeche.ch/pages/wastun_7.html (Zugriff am 26. Februar 2005).

Schwarz, M. *Rechenschwäche? Wie Eltern helfen können.* Berlin: Urania-Ravensburger, 1999.

Slotta, Irmgard. „Rechenschwäche – Mathematik mit Fingern in Klasse 9? Wenn das Verständnis für grundlegende mathematische Einsichten fehlt." *Sächsische Zeitung,* Februar 2003.